# CCW 内置保温结构一体化体系建筑保温构造

中国建筑科学研究院有限公司　　　主编
河南省华亿保温材料有限公司

黄河水利出版社

·郑州·

**图书在版编目（CIP）数据**

CCW 内置保温结构—体化体系建筑保温构造/中国建筑科学研究院有限公司,河南省华亿保温材料有限公司主编. —郑州:黄河水利出版社,2020.4

ISBN 978 - 7 - 5509 - 2624 - 0

Ⅰ.C⋯　Ⅱ.①中⋯　②河⋯　Ⅲ.①保温 - 建筑结构 - 一体化 - 研究　Ⅳ.①TU352.59

中国版本图书馆 CIP 数据核字(2020)第 054984 号

组稿编辑:贾会珍　电话:0371 - 66028027　E-mail:110885539@qq.com

出　版　社:黄河水利出版社　　　　　　　　网址:www.yrcp.com

地址:河南省郑州市顺河路黄委会综合楼 14 层　　邮政编码:450003

发行单位:黄河水利出版社

发行部电话:0371 - 66026940、66020550、66028024、66022620(传真)

E-mail:hhslcbs@126.com

承印单位:河南承创印务有限公司

开本:890 mm × 1 240 mm　1/16

印张:2.5

字数:61 千字　　　　　　　　　　印数:1—3 000

版次:2020 年 4 月第 1 版　　　　　印次:2020 年 4 月第 1 次印刷

定价:40.00 元

# CCW内置保温结构一体化体系建筑保温构造

| | | | |
|---|---|---|---|
| 主编单位 | 中国建筑科学研究院有限公司<br>河南省华亿保温材料有限公司 | 统一编号 | CABRQ025 |
| 施行日期 | 2019年12月31日 | 图集号 | 19QJ301 |

| | |
|---|---|
| 主编单位负责人 | 马海检 |
| 主编单位技术负责人 | 孙永刚 |
| 技术审定人 | 艾明星 |
| 技术负责人 | 柳培玉 |

# 目 录

| 目 录 | 图集号 | 19QJ301 |
|---|---|---|
| 审核 艾明星 校对 吕如春 吕如春 设计 柳培玉 柳培玉 | 页 | 1 |

# 说 明

## 1 概 述

混凝土保温幕墙内置保温结构一体化建筑体系（简称CCW体系）是由河南省华亿保温材料有限公司与河南省建筑科学研究院、河南省一建集团、郑煤锦源建设有限公司共同研发推广的建筑保温与结构一体化技术。该体系是将保温板一侧用钢丝网架做支撑架，通过专用垫块穿过保温板而形成的钢丝网架板，内置于浇筑结构钢筋外侧，采用角钢作为连接件，同时浇筑混凝土结构层和保温层外侧的混凝土防护层，形成的结构自保温体系。

该体系具有保温层和建筑物同寿命的特点，满足国家防火与节能标准，可提高建筑外围护系统的安全性和耐久性，克服外墙外保温技术中易空鼓、脱落等缺陷，解决了建筑工程质量和防火安全隐患问题。CCW体系见图1。

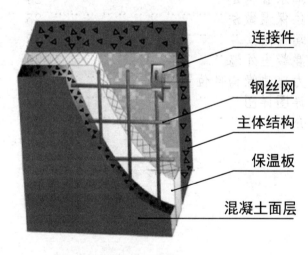

图1 CCW体系示意图

连接件
钢丝网
主体结构
保温板
混凝土面层

## 2 编 制 依 据

《混凝土结构设计规范》GB 50010-2010
《建筑设计防火规范》GB 50016-2014
《民用建筑热工设计规范》 GB 50176-2016
《公共建筑节能设计标准》GB 50189-2015
《建筑装饰装修工程质量验收规范》GB 50210-2001
《建筑工程施工质量验收统一标准》GB 50300-2013
《建筑节能工程质量验收规范》GB 50411-2019
《绝热用模塑聚苯乙烯泡沫塑料》GB/T 10801.1
《绝热用挤塑聚苯乙烯泡沫塑料》GB/T 10801.2
《严寒和寒冷地区居住建筑节能设计标准》 JGJ 26-2018
《夏热冬暖地区居住建筑节能设计标准》 JGJ 75-2012
《夏热冬冷地区居住建筑节能设计标准》 JGJ 134-2010
《外墙外保温工程技术标准》JGJ 144-2019

当依据的标准规范进行修订或有新的标准规范出版实施时， 本图集与现行工程建设标准不符的内容、限制或淘汰的技术或产品，视为无效。工程技术人员在参考使用时，应注意加以区分，并应对本图集相关内容进行复核后选用。

## 3 适 用 范 围

本图集适用于新建、扩建、改建的民用建筑。
本图集适用于抗震设防烈度8度及以下、建筑高度不超过100m的建筑。

## 4 图 集 内 容

4.1 本图集为采用CCW体系作为建筑外保温系统的构造图集。该系统是将保温板复合在外层混凝土与结构墙体之间形成墙体保温体系。外层混

| | 说 明 | 图集号 | 19QJ301 |
|---|---|---|---|
| 审核 艾明星 | 校对 吕如春 | 设计 柳培玉 | 页 2 |

凝土与室外环境接触,不参与主体结构受力,起保护保温材料作用;其与保温材料通过连接件与主体结构连接,并将荷载传于主体结构。

## 4.2 基本构造

4.2.1 主体结构:混凝土剪力墙结构、框架结构;

4.2.2 保温层:挤塑聚苯板、模塑聚苯板;

4.2.3 外层防护层:钢筋混凝土;

4.2.4 外饰面:涂料、真石漆等。

## 5 CCW体系特点

### 5.1 受力明确,构造安全

CCW体系外保温系统在设计风荷载、地震和温度作用影响下,具有安全性。

### 5.2 CCW体系中的保温系统与主体结构同寿命

CCW体系的寿命取决于保温板的寿命,CCW体系的保温层,表面覆盖有厚度不小于50mm的钢筋混凝土面层,使用中不受机械负荷以及湿、光、生物、化学因素影响。

### 5.3 热桥分散,克服了局部集中热桥的结露可能

CCW体系连接件造成的集中热桥,分散热桥面积与每平方米保温面积之比为0.62‰;每平方米保温板连接件数量2个,达到围护结构与保温层连接的构件集中热桥每平米不超过1‰的标准。

### 5.4 面层上可以留变形缝,解决了温度补偿问题

CCW体系的混凝土面板可以设置缩缝和胀缝。

### 5.5 防火性能优异

CCW体系满足国家《建筑设计防火规范》GB 50016-2014中关于建筑外墙防火性能的要求,同时该体系耐火性能大于4.0h。

### 5.6 安装简单方便,施工速度快

保温材料及配件工厂化加工,根据施工图纸提前制作,钢丝网架板到现场安装方便快捷,工序少,一般每层保温板安装只需要半天时间,安装过程中与土木交叉工作,不影响正常施工。

### 5.7 混凝土浇筑方法安全可靠,施工速度快,成本低

CCW体系采用混凝土骨料粒径选择浇筑法进行混凝土的浇筑,采用普通混凝土即可满足保护层混凝土的浇筑质量,只需要对普通混凝土配合比进行微调,成本低,施工过程中通过自主研发的分离器即可保证混凝土的浇筑质量,施工速度快,不影响总工期。

## 6 主要材料性能及技术要求

### 6.1 混凝土

混凝土的物理力学性能指标应符合《混凝土结构设计规范》GB 50010-2010的有关规定。面层混凝土强度等级不应低于C25。

### 6.2 钢筋

钢筋直径不应小于4mm,其力学性能指标应符合《钢筋混凝土用钢》GB 1499.3-2010的有关规定。

### 6.3 钢筋焊接网

钢筋焊接网应采用CRB550级冷轧带肋钢筋或HRB400级热轧 带肋钢筋焊接制作,也可采用CDW550级冷拔光面钢筋焊接制作。钢筋焊接网用钢的技术要求应符合《钢筋混凝土用钢第3部分:钢筋焊接网》GB/T 1499.3-2010的规定。

| | 说 明 | 图集号 | 19QJ301 |
|---|---|---|---|
| 审核 文振 艾明星 | 校对 吕如春 吕如春 | 设计 柳培玉 柳培玉 | 页 3 |

## 6.4 保温板

保温板的性能见表1。

## 6.5 连接件

6.5.1 型钢制连接件所用钢材应符合国家标准《碳素结构钢》GB/T 700-2006中关于Q235B级的规定。

6.5.2 型钢制连接件所采用方钢管应符合《结构用冷弯 空心型钢尺寸、外形、重量级允许偏差》GB/T 6728-2002的规定。

6.5.3 型钢制连接件所采用角钢应符合《热轧型钢》GB/T 706-2008的规定。

6.5.4 混凝土制连接件所采用混凝土及钢筋应符合第6.1条和第6.2条的规定。

## 6.6 玻纤网

玻纤网应符合《耐碱玻璃纤维网布》JC/T 841-2007的要求，且径向和纬向拉伸断裂力均不得小于750N/50mm，耐碱拉伸断裂力保留率均不得小于75%。

6.7 无机保温砂浆和硬泡聚氨酯性能见表2。

6.8 密封胶应符合《硅酮建筑密封胶》GB/T 14683-2003的规定。

表1 保温材料性能指标

| 项 目 | | 保温材料 | | | | |
|---|---|---|---|---|---|---|
| | | 模塑聚苯板 | 模塑石墨聚苯板 | 挤塑聚苯板 | 无机保温砂浆 | 硬泡聚氨酯 |
| 密度(kg/m³) | | 25~30 | 18~22 | 30~32 | — | 30~50 |
| 干密度(kg/m³) | | — | — | — | ≤600 | — |
| 导热系数 [W/(m·K)] | | ≤0.035 | ≤0.032 | ≤0.03 | ≤0.070 | ≤0.024 |
| 压缩性能(MPa) (形变10%) | | ≥0.15 | ≥0.10 | ≥0.20 | ≥0.25 (养护28d) | ≥0.25 |
| 抗拉强度 (MPa) | 干燥状态 | ≥0.10 | ≥0.10 | ≥0.10 | ≥0.10 | ≥0.20 |
| | 浸水48h,取出后干燥7d | — | — | — | | |
| 尺寸稳定性 70℃，48h（%） | | ≤0.60 | ≤0.30 | ≤1.5 | — | — |
| 燃烧性能等级 | | 不低于B2级 | | | | |

## 7 设计要点

### 7.1 CCW体系

7.1.1 CCW体系的色调、构图和线型等立面构成，应与建筑物立面其他部位协调。

7.1.2 CCW体系的混凝土防护面层厚度不应小于50mm，混凝土强度等级不应低于C25。

7.1.3 CCW体系需满足主体结构抗震缝、伸缩缝、沉降缝要求，并应保证混凝土保温结构自身的功能性和完整性。

| 说 明 | | | | | | 图集号 | 19QJ301 |
|---|---|---|---|---|---|---|---|
| 审核 | 艾明星 | 校对 | 吕如春 | 设计 | 柳培玉 | 页 | 4 |

7.1.4 CCW体系型钢类连接件间距不大于900mm，单块保温板上不少于2个，其它型式连接件间距不大于600mm，距构件边缘距离不大于300mm，宜对称布置。

7.1.5 CCW体系的防火设计应符合《建筑设计防火规范》GB 50016的有关规定，且应保证保温板材不外露。

7.1.6 CCW体系的防雷设计应符合《建筑物防雷设计规范》GB 50057的有关规定。

7.1.7 CCW体系及其连接件应具有足够的承载力和刚度。

7.1.8 CCW体系的设计，在永久荷载、设计风荷载、设防烈度地震和主体结构变形影响下，应具有安全性。

7.2 连接件

7.2.1 连接件应使用厚度不小于3mm的型钢，可选用满足国家规范要求及结构受力技术要求的角钢、方钢管、圆钢管、H型钢、钢筋、扁铁等，金属连接件均应采取防腐防锈措施。

7.2.2 连接件与主体结构的锚固强度应大于连接节点承载力设计值，连接节点承载力设计值应满足两倍风荷载效应设计值的要求。

7.2.3 现浇混凝土保温结构的连接件在主体结构混凝土施工时埋入；后置混凝土保温结构的连接件宜在主体结构施工时埋设。

8 施工

8.1 混凝土保温结构工程施工现场质量管理应有相应的施工技术标准、健全的质量管理体系、施工质量控制和质量检验制度。

8.2 现浇混凝土保温结构施工包括模板、钢筋、连接件和保温板安装、混凝土浇筑和分缝处理等施工过程。

8.3 后置混凝土保温结构施工包括连接件设置，保温板和钢筋安装，混凝土涂抹，分缝处理等施工过程。连接件宜在主体结构施工时埋设。

8.4 模板系统应按《建筑施工模板安全技术规程》JGJ 162-2008的规定进行设计。

8.5 保温板的品种、规格和厚度应符合设计要求和相关标准的规定。

8.6 施工产生的墙体缺陷，应按照施工方案采取隔断热桥措施，不得影响墙体热工性能。

8.7 钢筋和钢筋焊接网的品种、级别或规格必须符合设计要求；钢筋焊接网、附件钢筋和连接件之间的连接、搭接构造应符合设计要求，保证钢筋焊接网、附加钢筋和连接件之间的连接可靠。

8.8 现浇混凝土保温结构所用混凝土的粗骨料，其最大颗粒粒径不得超过构件截面最小尺寸的1/4。混凝土浇筑时，应及时观测保温板两侧混凝土的高差，严格控制在400mm以内。混凝土浇筑完毕后，应采取有效养护。

8.9 后置混凝土保温结构在保温板和钢筋安装完成后，进行混凝土涂抹。混凝土涂抹分两次完成，第一次混凝土涂抹厚度以能够覆盖钢筋焊接网为宜；待混凝土初凝前，进行第二次混凝土涂抹，厚度以20mm为宜。第二次混凝土涂抹后，应及时抹面收光。

9 其他

9.1 本图集中除注明单位者外，其他均以毫米（mm）为单位。

9.2 其他未尽事宜，均应按国家现行标准执行。

9.3 本图集根据河南华亿保温材料有限公司提供的资料编制，图集的技术内容由该公司负责解释。

| | 说　明 | 图集号 | 19QJ301 |
|---|---|---|---|
| 审核 | 艾明星　校对 吕如春　设计 柳培玉 | 页 | 5 |

## 10 详图索引方法

选用整页详图

19QJ301 （—／X）
详图页次

选用部分详图

详图编号

19QJ301 （X／X）
详图页次

## CCW体系构造

| 构造简图 | 详图索引 | 内容 | 详细做法说明 |
|---|---|---|---|
| | 1 | 外饰面 | 单体工程设计 |
| | 2 | 结构墙体 | 厚度按单体工程设计<br>（图集中如无特殊说明均以钢筋混凝土填充表示） |
| | 3 | 保温板 | 可选用挤塑聚苯板、模塑聚苯板等<br>厚度按单体工程设计 |
| | 4 | 外层混凝土防护层 | 外层混凝土强度等级不应低于C25<br>厚度不宜小于50mm |
| | 5 | 焊接钢筋网 | 直径不宜小于4mm，间距不宜大于100mm |
| | 6 | 连接件 | 型钢、混凝土制（需进行结露验收，必要时需采用断桥连接件） |
| | 7 | 垫块 | 竖放间距不宜超过600mm |
| | 8 | 内饰面 | 按单体工程设计 |
| | 9 | 弯钩钢筋 | 碳素结构钢 |

## 说 明

| | | |
|---|---|---|
| 审核 | 艾明星 | 图集号 19QJ301 |
| 校对 | 吕如春 | |
| 设计 | 柳培玉 | 页 6 |

# CCW体系构造参考做法及热工性能参数（一）

## （混凝土多孔砖基墙）

| 外墙构造简图 | 构造做法 各构造层材料 | 厚度δ (mm) | 墙体总厚度 (mm) | 导热系数 λ [W/(m·K)] | 蓄热系数 S [W/(m·K)] | 修正系数 | 各层热阻 [(m²·K)/W] | 各层热惰性指数 Dᵢ | 总热阻 [(m²·K)/W] | 传热系数 K [W/(m²·K)] | 总热惰性指标 D |
|---|---|---|---|---|---|---|---|---|---|---|---|
| 内 外 1 2 3 4 | 1.水泥砂浆 | 20 | — | 0.93 | 11.37 | 1.00 | 0.02 | 0.23 | — | — | — |
| | 2.混凝土多孔砖 | 240 | | 0.73 | 7.33 | 1.00 | 0.33 | 2.42 | | | |
| | 3.EPS板 | 40 | 350 | 0.039 | 0.36 | 1.20 | 0.73 | 0.35 | 1.11 | 0.79 | 3.00 |
| | | 50 | 360 | | | | 0.92 | 0.43 | 1.30 | 0.69 | 3.08 |
| | | 60 | 370 | | | | 1.10 | 0.52 | 1.48 | 0.61 | 3.17 |
| | | 70 | 380 | | | | 0.28 | 0.60 | 1.66 | 0.55 | 3.25 |
| | 4.混凝土面板 | 50 | — | 1.74 | 17.20 | 1.00 | 0.03 | 0.48 | — | — | — |
| 内 外 1 2 3 4 | 1.水泥砂浆 | 20 | — | 0.93 | 11.37 | 1.00 | 0.02 | 0.23 | — | — | — |
| | 2.混凝土多孔砖 | 240 | | 0.73 | 7.33 | 1.00 | 0.33 | 2.42 | | | |
| | 3.XPS板 | 20 | 330 | 0.030 | 0.32 | 1.10 | 0.56 | 0.21 | 0.94 | 0.92 | 2.86 |
| | | 30 | 340 | | | | 0.83 | 0.32 | 1.21 | 1.21 | 2.97 |
| | | 40 | 350 | | | | 1.11 | 0.43 | 1.49 | 0.61 | 3.08 |
| | | 50 | 360 | | | | 1.39 | 0.54 | 1.77 | 0.52 | 3.19 |
| | 4.混凝土面板 | 50 | — | 1.74 | 17.20 | 1.00 | 0.03 | 0.48 | — | — | — |

| | | | |
|---|---|---|---|
| **说　明** | 图集号 | | 19QJ301 |
| 审核 艾明星　校对 吕如春　设计 柳培玉 | 页 | | 7 |

| 外墙构造简图 | 构造做法 | | 墙体总厚度（mm） | 导热系数 λ [W/(m·K)] | 蓄热系数 S [W/(m·K)] | 修正系数 | 各层热阻 [(m²·K)/W] | 各层热惰性指数 $D_i$ | 总热阻 [(m²·K)/W] | 传热系数 K [W/(m²·K)] | 总热惰性指标 D |
|---|---|---|---|---|---|---|---|---|---|---|---|
| | 各构造层材料 | 厚度δ（mm） | | | | | | | | | |
| | 1.水泥砂浆 | 20 | — | 0.93 | 11.37 | 1.00 | 0.02 | 0.23 | — | — | — |
| | 2.钢筋混凝土 | 180 | — | 1.74 | 17.20 | 1.00 | 0.10 | 1.72 | | | |
| | 3.EPS板 | 50 | 300 | 0.039 | 0.36 | 1.20 | 0.92 | 0.43 | 1.02 | 0.82 | 2.86 |
| | | 60 | 310 | | | | 1.10 | 0.52 | 1.29 | 0.71 | 2.95 |
| | | 70 | 320 | | | | 1.28 | 0.60 | 1.57 | 0.63 | 3.03 |
| | 4.混凝土面板 | 50 | — | 1.74 | 17.20 | 1.00 | 0.03 | 0.48 | — | — | — |
| | 1.水泥砂浆 | 20 | — | 0.93 | 11.37 | 1.00 | 0.02 | 0.23 | — | — | — |
| | 2.钢筋混凝土 | 180 | — | 1.74 | 17.20 | 1.00 | 1.10 | 1.72 | | | |
| | 3.XPS板 | 20 | 340 | 0.030 | 0.32 | 1.10 | 1.11 | 0.43 | 1.26 | 0.70 | 2.86 |
| | | 30 | 350 | | | | 1.39 | 0.54 | 1.54 | 0.59 | 2.97 |
| | | 40 | 360 | | | | 1.67 | 0.64 | 1.82 | 0.50 | 3.07 |
| | 4.混凝土面板 | 50 | — | 1.74 | 17.20 | 1.00 | 0.03 | 0.48 | — | — | — |

| 说　明 | 图集号 | 19QJ301 |
|---|---|---|
| 审核 艾明星 校对 吕如春 设计 柳培玉 | 页 | 8 |

# CCW体系构造参考做法及热工性能参数（三）
## （加气混凝土砌块基墙）

| 外墙构造简图 | 各构造层材料 | 厚度δ(mm) | 墙体总厚度(mm) | 导热系数λ [W/(m·K)] | 蓄热系数S [W/(m·K)] | 修正系数 | 各层热阻 [(m²·K)/W] | 各层热惰性指数Di | 总热阻 [(m²·K)/W] | 传热系数K [W/(m²·K)] | 总热惰性指标D |
|---|---|---|---|---|---|---|---|---|---|---|---|
| | 1. 水泥砂浆 | 20 | — | 0.93 | 11.37 | 1.00 | 0.02 | 0.23 | — | — | — |
| | 2. 加气混凝土砌块 | 200 | | 0.20 | 3.00 | 1.25 | 0.80 | 3.00 | | | |
| | 3.EPS板 | 20 | 290 | 0.039 | 0.36 | 1.20 | 0.37 | 0.17 | 1.22 | 0.73 | 3.88 |
| | | 30 | 300 | | | | 0.55 | 0.26 | 1.40 | 0.65 | 3.97 |
| | | 40 | 310 | | | | 0.73 | 0.35 | 1.58 | 0.58 | 4.06 |
| | | 50 | 320 | | | | 0.92 | 0.43 | 1.77 | 0.52 | 4.14 |
| | 4. 混凝土面板 | 50 | — | 1.74 | 17.20 | 1.00 | 0.03 | 0.48 | — | — | — |
| | 1. 水泥砂浆 | 20 | — | 0.93 | 11.37 | 1.00 | 0.02 | 0.23 | — | — | — |
| | 2. 加气混凝土砌块 | 200 | | 0.20 | 3.00 | 1.25 | 0.80 | 3.00 | | | |
| | 3.XPS板 | 20 | 290 | 0.030 | 0.32 | 1.10 | 0.56 | 0.21 | 1.41 | 0.64 | 3.92 |
| | | 30 | 300 | | | | 0.83 | 0.32 | 1.68 | 0.55 | 4.03 |
| | | 40 | 310 | | | | 1.11 | 0.43 | 1.96 | 0.47 | 4.14 |
| | 4. 混凝土面板 | 50 | — | 1.74 | 17.20 | 1.00 | 0.03 | 0.48 | — | — | — |

说　明

图集号 19QJ301

审核 艾明星　校对 吕如春　设计 柳培玉　页 9

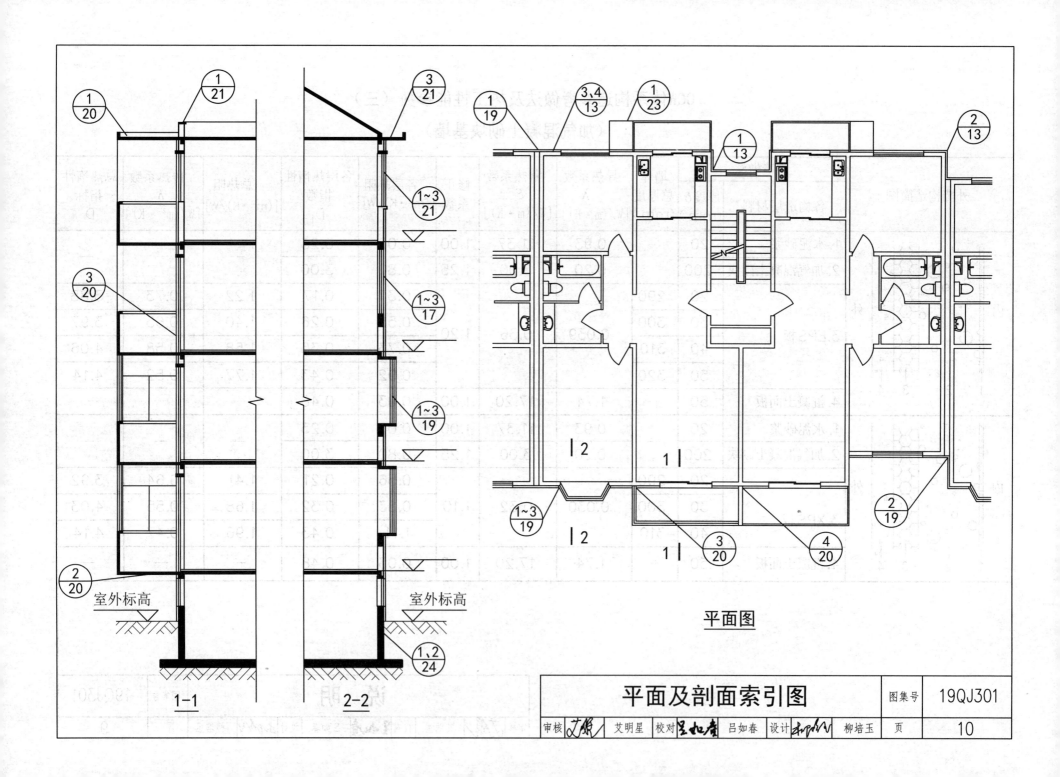

室外标高

室外标高

1-1

2-2

平面图

平面及剖面索引图

| 图集号 | 19QJ301 |
|---|---|

审核 艾明星　校对 吕如春　设计 柳培玉　页 10

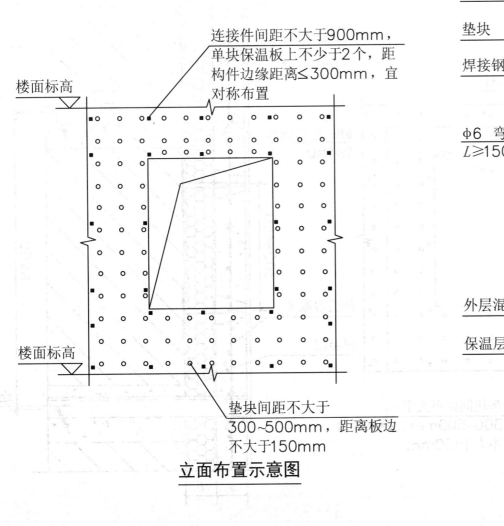

楼面标高

连接件间距不大于900mm，单块保温板上不少于2个，距构件边缘距离≤300mm，宜对称布置

楼面标高

垫块间距不大于300~500mm，距离板边不大于150mm

立面布置示意图

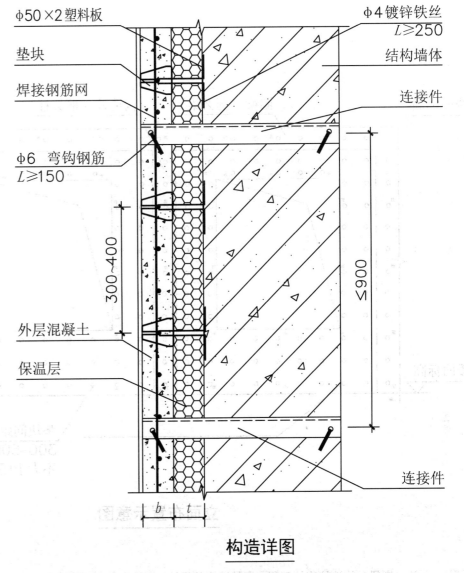

Φ50×2塑料板

垫块

焊接钢筋网

Φ6 弯钩钢筋
L≥150

外层混凝土

保温层

Φ4镀锌铁丝
L≥250

结构墙体

连接件

300~400

≤900

b  t

连接件

构造详图

用于混凝土墙体垫块、连接件布置示意图

图集号 19QJ301

审核 艾明星　校对 吕如春　设计 柳培玉

页 11

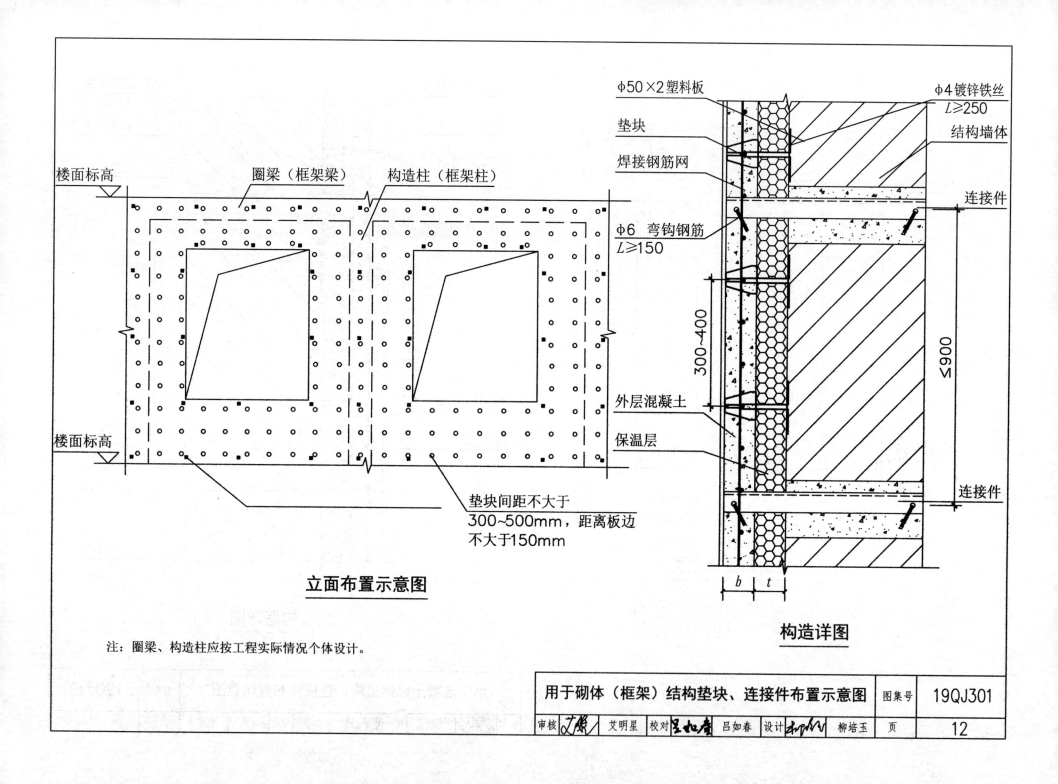

Φ50×2塑料板

Φ4镀锌铁丝
$L \geqslant 250$

垫块

结构墙体

焊接钢筋网

连接件

Φ6 弯钩钢筋
$L \geqslant 150$

楼面标高

圈梁（框架梁）

构造柱（框架柱）

300~400

$\leqslant 900$

外层混凝土

保温层

楼面标高

垫块间距不大于
300~500mm，距离板边
不大于150mm

连接件

$b$  $t$

**立面布置示意图**

**构造详图**

注：圈梁、构造柱应按工程实际情况个体设计。

**用于砌体（框架）结构垫块、连接件布置示意图**

| 图集号 | 19QJ301 |
|---|---|
| 审核 丁佼 艾明星 校对 吕如春 吕如春 设计 柳培玉 柳培玉 | 页 12 |

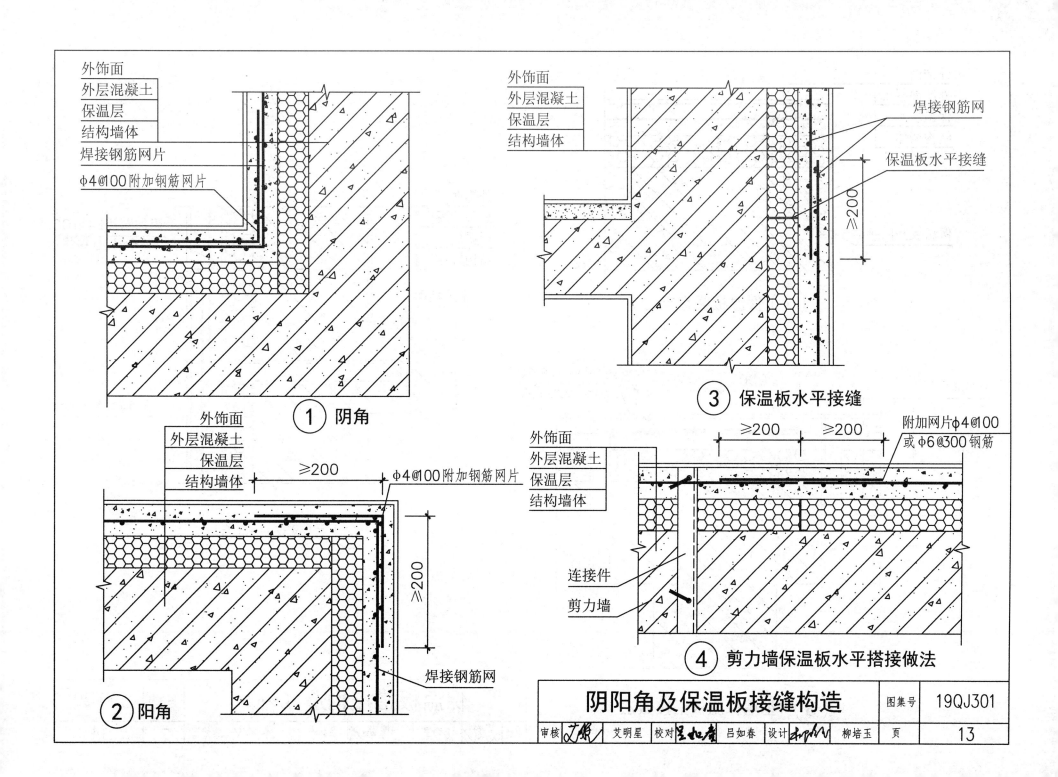

① 阴角

② 阳角

③ 保温板水平接缝

④ 剪力墙保温板水平搭接做法

**阴阳角及保温板接缝构造**

图集号 19QJ301

审核 艾明星 校对 吕如春 设计 柳培玉

页 13

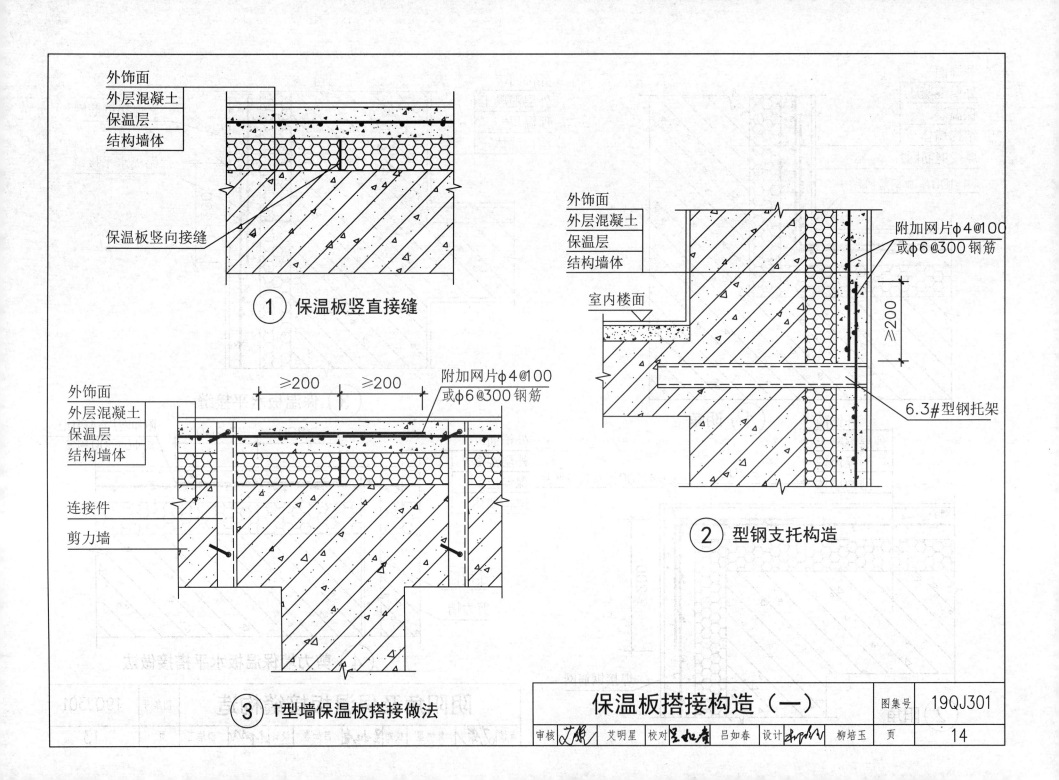

外饰面
外层混凝土
保温层
结构墙体

保温板竖向接缝

① 保温板竖直接缝

外饰面
外层混凝土
保温层
结构墙体

≥200　≥200

附加网片φ4@100
或φ6@300钢筋

连接件

剪力墙

③ T型墙保温板搭接做法

外饰面
外层混凝土
保温层
结构墙体

室内楼面

附加网片φ4@100
或φ6@300钢筋

≥200

6.3#型钢托架

② 型钢支托构造

保温板搭接构造（一）

图集号 19QJ301

审核 艾明星　校对 吕如春　吕如春　设计 柳培玉　柳培玉　页 14

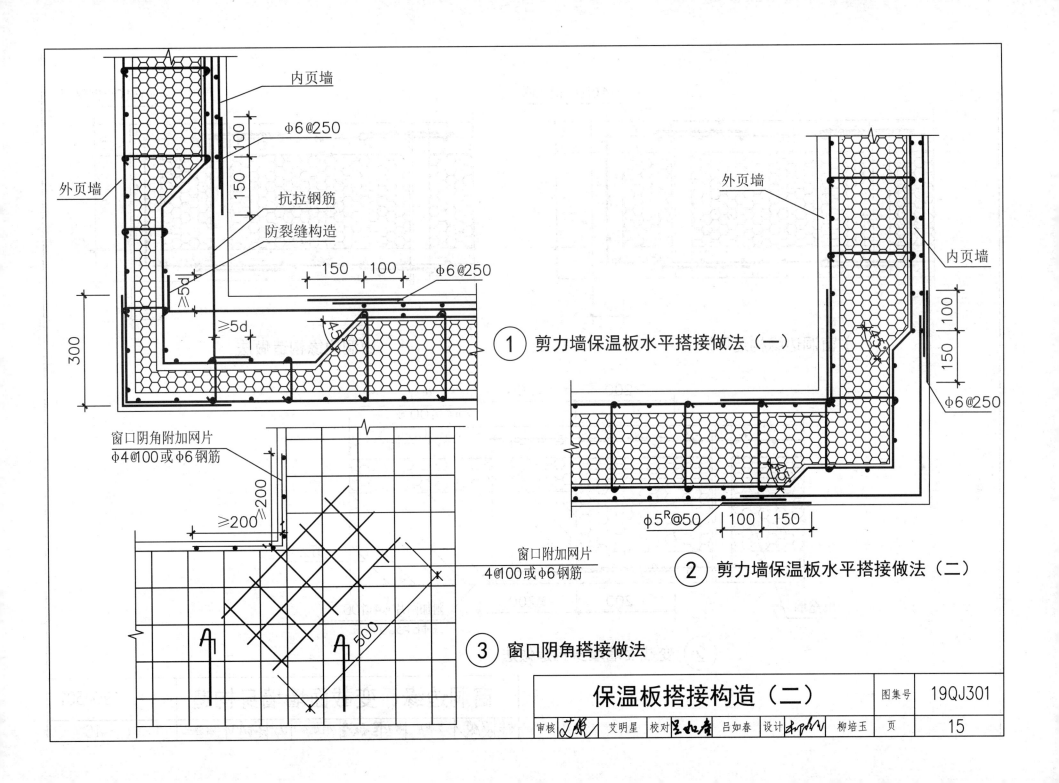

内页墙

φ6@250

外页墙

抗拉钢筋

防裂缝构造

150 100 φ6@250

≥5d

≥5d

300

100

150

① 剪力墙保温板水平搭接做法（一）

外页墙

内页墙

100

150

φ6@250

窗口阴角附加网片
φ4@100或φ6钢筋

≥200 ≥200

窗口附加网片
4@100或φ6钢筋

φ5R@50 100 150

② 剪力墙保温板水平搭接做法（二）

500

③ 窗口阴角搭接做法

保温板搭接构造（二）

图集号 19QJ301

审核 艾明星 校对 吕如春 设计 柳培玉

页 15

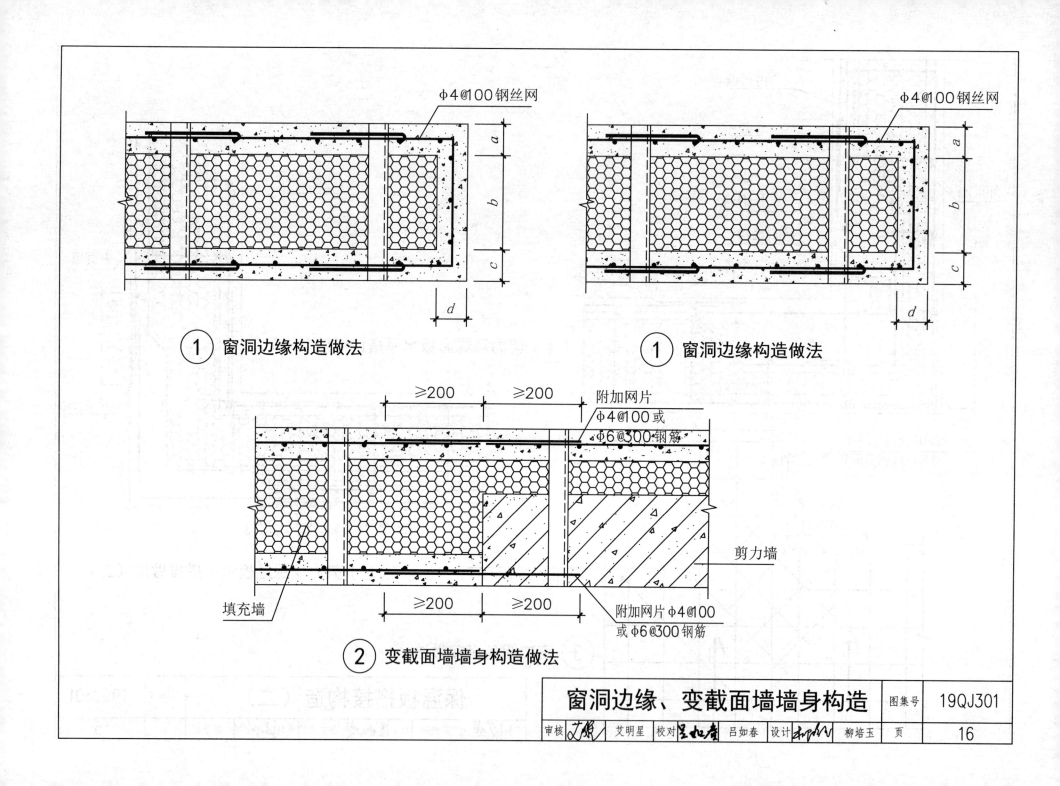

Φ4@100钢丝网

Φ4@100钢丝网

a

b

c

d

① 窗洞边缘构造做法

① 窗洞边缘构造做法

≥200　　≥200

附加网片
Φ4@100 或
Φ6@300 钢筋

剪力墙

填充墙

≥200　　≥200

附加网片Φ4@100
或Φ6@300 钢筋

② 变截面墙墙身构造做法

窗洞边缘、变截面墙墙身构造

图集号　19QJ301

审核　艾明星　校对　吕如春　设计　柳培玉　页　16

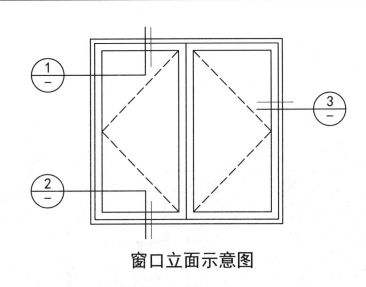

窗口立面示意图

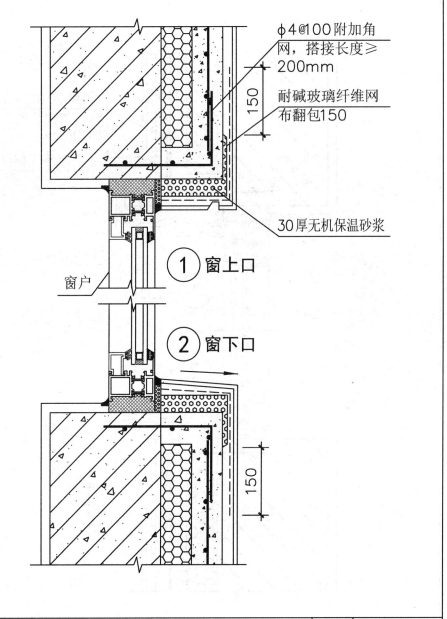

φ4@100附加角网，搭接长度≥200mm

耐碱玻璃纤维网布翻包150

30厚无机保温砂浆

窗户

① 窗上口

② 窗下口

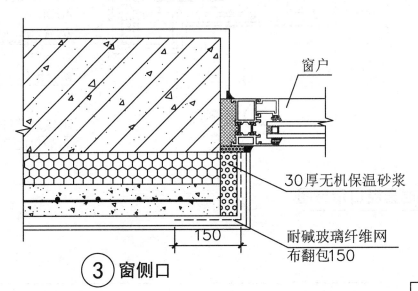

窗户

30厚无机保温砂浆

耐碱玻璃纤维网布翻包150

③ 窗侧口

窗口节点构造（一）

图集号 19QJ301

审核 艾明星 校对 吕如春 设计 柳培玉

页 17

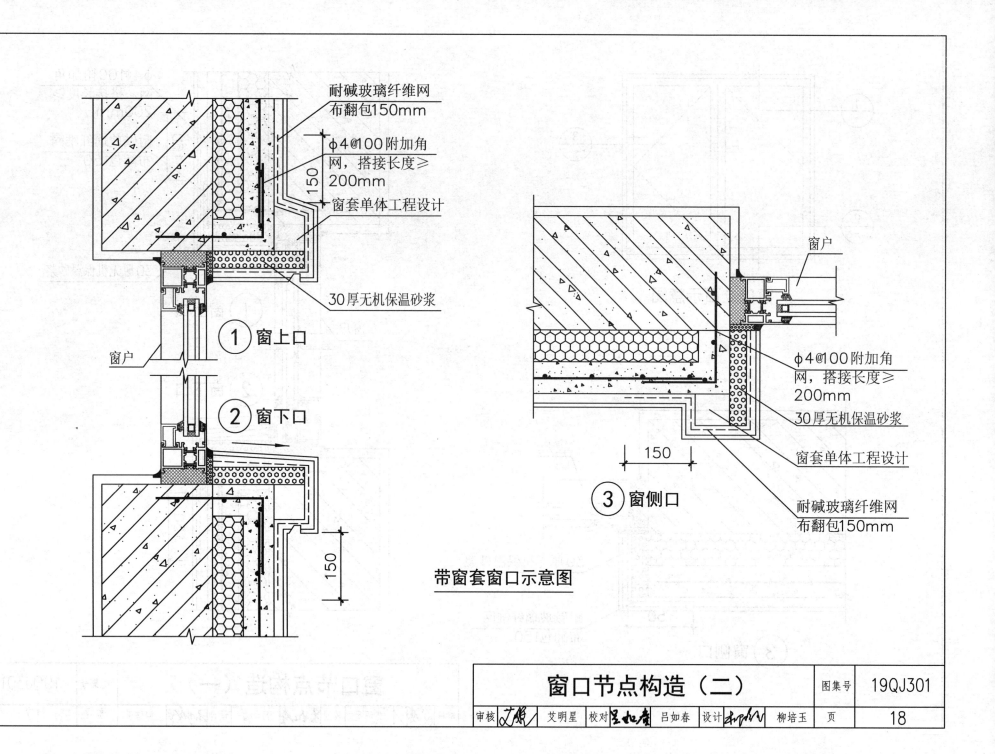

耐碱玻璃纤维网
布翻包150mm

φ4@100附加角
网，搭接长度≥
200mm

窗套单体工程设计

30厚无机保温砂浆

① 窗上口

窗户

② 窗下口

150

窗户

φ4@100附加角
网，搭接长度≥
200mm

30厚无机保温砂浆

窗套单体工程设计

150

③ 窗侧口

耐碱玻璃纤维网
布翻包150mm

带窗套窗口示意图

**窗口节点构造（二）**

图集号 19QJ301

审核 艾明星 校对 吕如春 设计 柳培玉 页 **18**

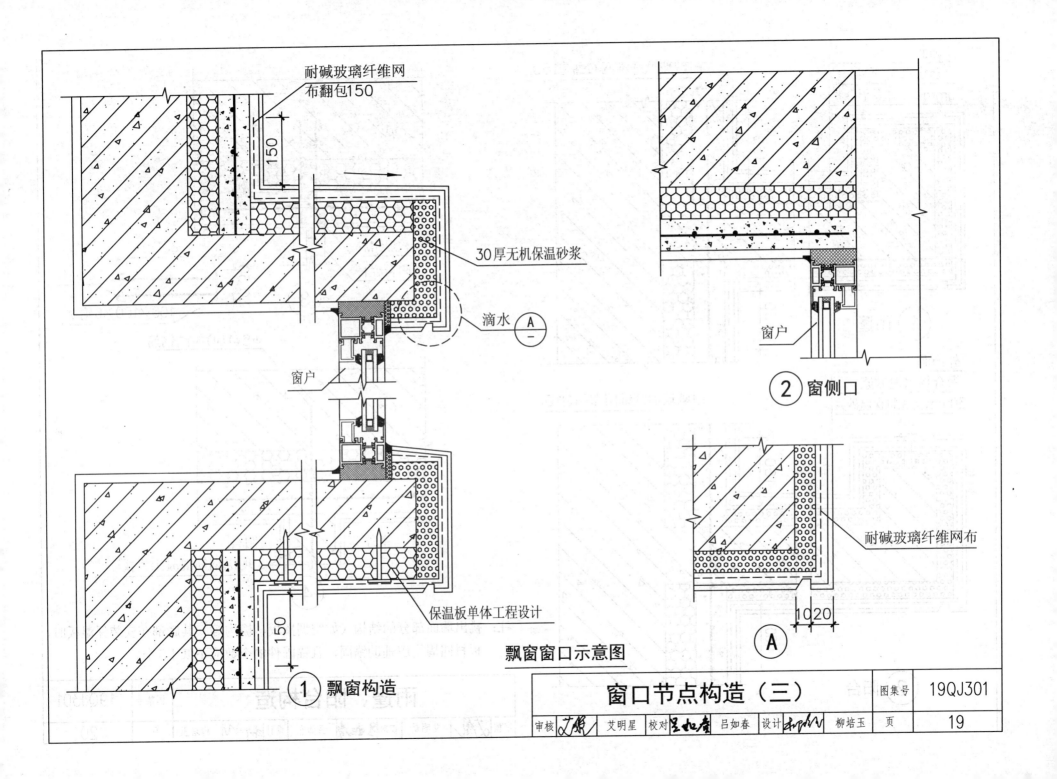

耐碱玻璃纤维网
布翻包150

150

30厚无机保温砂浆

滴水 $\frac{A}{一}$

窗户

窗户

② 窗侧口

窗户

保温板单体工程设计

耐碱玻璃纤维网布

150

150

10 20

Ⓐ

飘窗窗口示意图

① 飘窗构造

## 窗口节点构造（三）

图集号 19QJ301

审核 艾明星 校对 吕如春 吕如春 设计 柳培玉 柳培玉

页 19

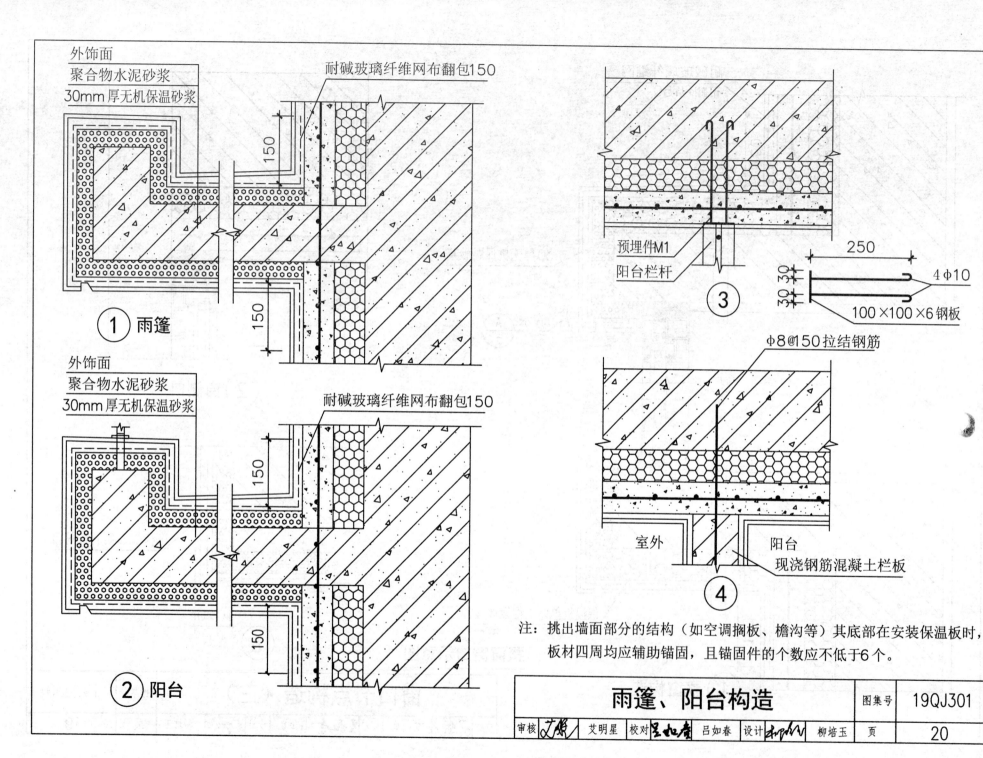

外饰面
聚合物水泥砂浆
30mm厚无机保温砂浆

耐碱玻璃纤维网布翻包150

150

150

① 雨篷

外饰面
聚合物水泥砂浆
30mm厚无机保温砂浆

耐碱玻璃纤维网布翻包150

150

150

② 阳台

③

预埋件M1
阳台栏杆

250

30 30 30

4φ10

100×100×6钢板

Φ8@150拉结钢筋

室外

阳台
现浇钢筋混凝土栏板

④

注：挑出墙面部分的结构（如空调搁板、檐沟等）其底部在安装保温板时，板材四周均应辅助锚固，且锚固件的个数应不低于6个。

## 雨篷、阳台构造

图集号 19QJ301

审核 艾明星 校对 吕如春 设计 柳培玉

页 20

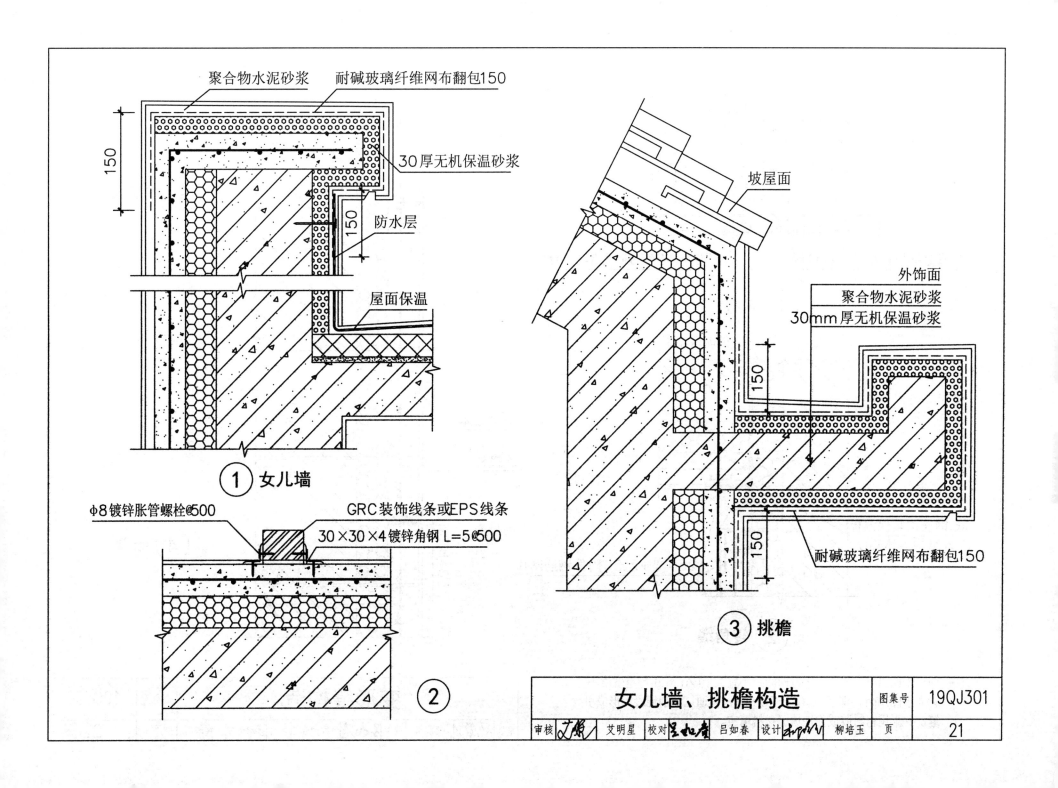

聚合物水泥砂浆　耐碱玻璃纤维网布翻包150

150

30厚无机保温砂浆

150

防水层

屋面保温

① 女儿墙

坡屋面

外饰面
聚合物水泥砂浆
30mm厚无机保温砂浆

150

耐碱玻璃纤维网布翻包150

150

③ 挑檐

φ8镀锌胀管螺栓@500

GRC装饰线条或EPS线条

30×30×4镀锌角钢 L=5@500

②

## 女儿墙、挑檐构造

| 图集号 | 19QJ301 |
| --- | --- |

| 审核 | 文顺 | 艾明星 | 校对 | 吕如春 | 吕如春 | 设计 | 柳明风 | 柳培玉 | 页 | 21 |

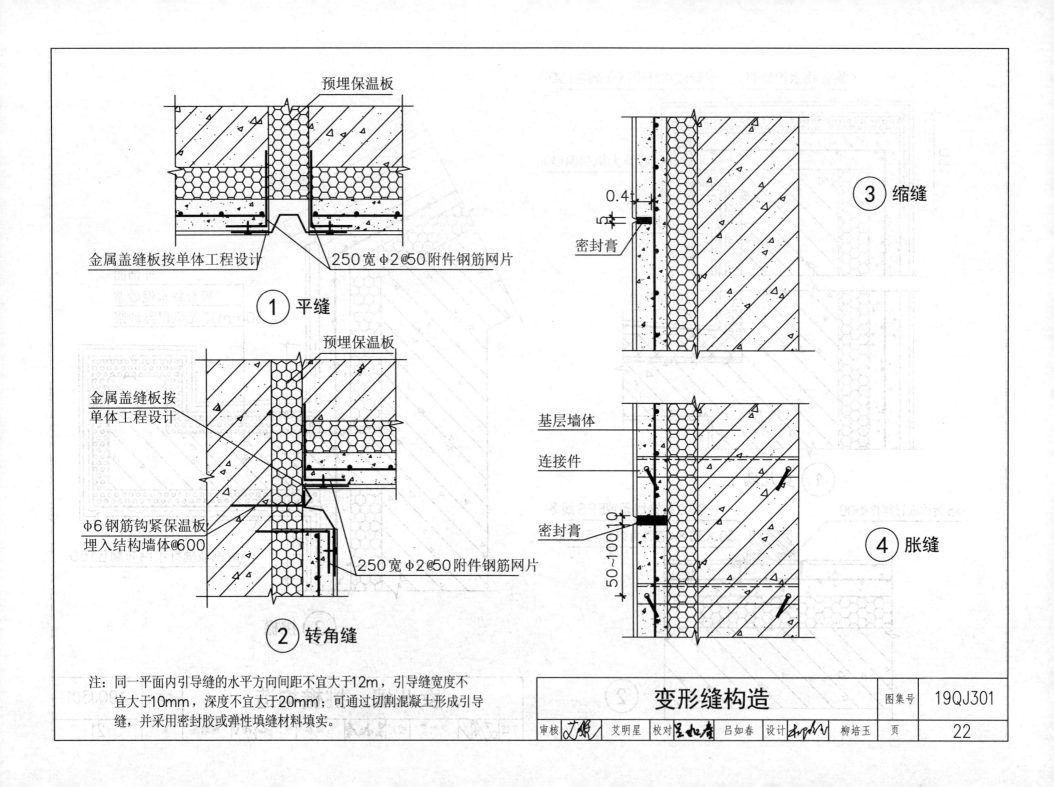

预埋保温板

金属盖缝板按单体工程设计

250宽φ2@50附件钢筋网片

① 平缝

预埋保温板

金属盖缝板按单体工程设计

φ6钢筋钩紧保温板
埋入结构墙体@600

250宽φ2@50附件钢筋网片

② 转角缝

③ 缩缝

0.4

5

密封膏

基层墙体

连接件

密封膏

50~100

④ 胀缝

注：同一平面内引导缝的水平方向间距不宜大于12m，引导缝宽度不宜大于10mm，深度不宜大于20mm；可通过切割混凝土形成引导缝，并采用密封胶或弹性填缝材料填实。

变形缝构造

图集号 19QJ301

审核 艾明星　校对 吕如春　设计 柳培玉

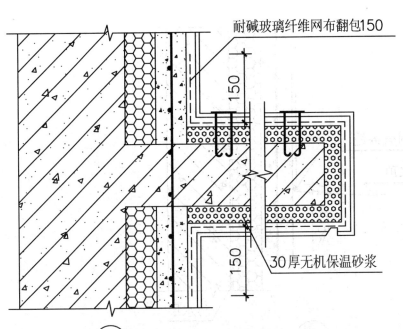

耐碱玻璃纤维网布翻包150

150

150

30厚无机保温砂浆

① 空调搁板（悬挑板）

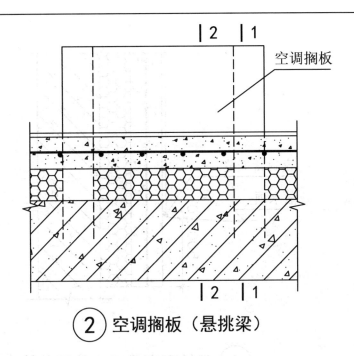

2 1

空调搁板

2 1

② 空调搁板（悬挑梁）

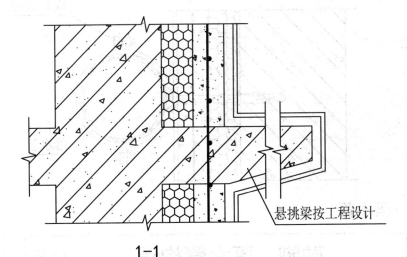

悬挑梁按工程设计

1-1

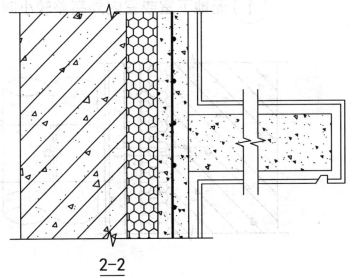

2-2

空调搁板构造

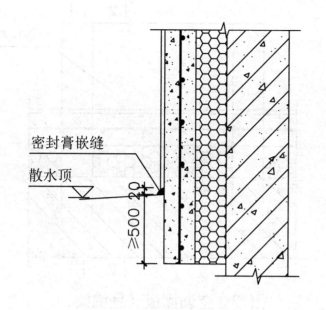

密封膏嵌缝

散水顶

≥500  20

① 无地下室或室内外高差较小时勒脚

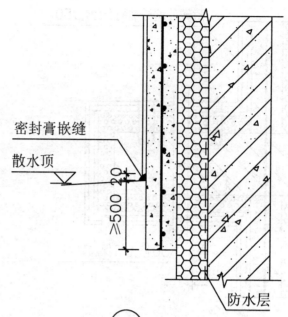

密封膏嵌缝

散水顶

≥500  20

防水层

② 有地下室时勒脚

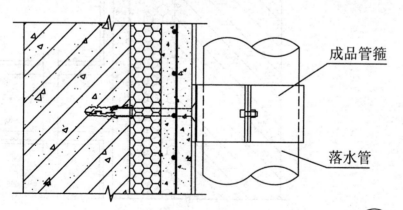

成品管箍

落水管

③ 落水管

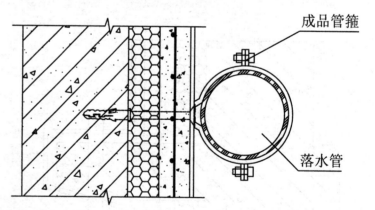

成品管箍

落水管

勒脚、落水管构造

图集号 19QJ301

| 审核 | 艾明星 | 校对 | 吕如春 | 设计 | 柳培玉 | 页 | 24 |

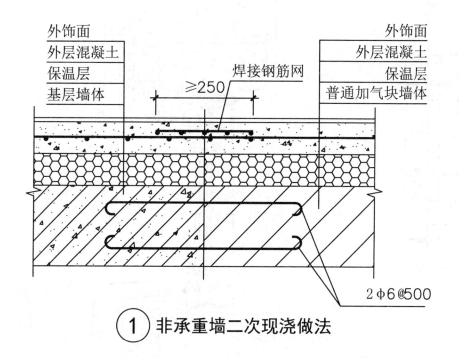

外饰面
外层混凝土
保温层
基层墙体

≥250　焊接钢筋网

外饰面
外层混凝土
保温层
普通加气块墙体

2Φ6@500

① 非承重墙二次现浇做法

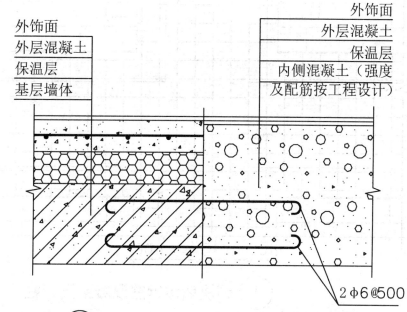

外饰面
外层混凝土
保温层
基层墙体

外饰面
外层混凝土
保温层
内侧混凝土（强度
及配筋按工程设计）

2Φ6@500

② 非承重墙二次砌筑自保温砌块做法

注：后置法需将角钢连接件预埋到加气块墙体内，外侧保温层混凝土
　　现浇而成。

**非承重墙**

图集号　19QJ301

审核 艾明星　校对 吕如春　设计 柳培玉

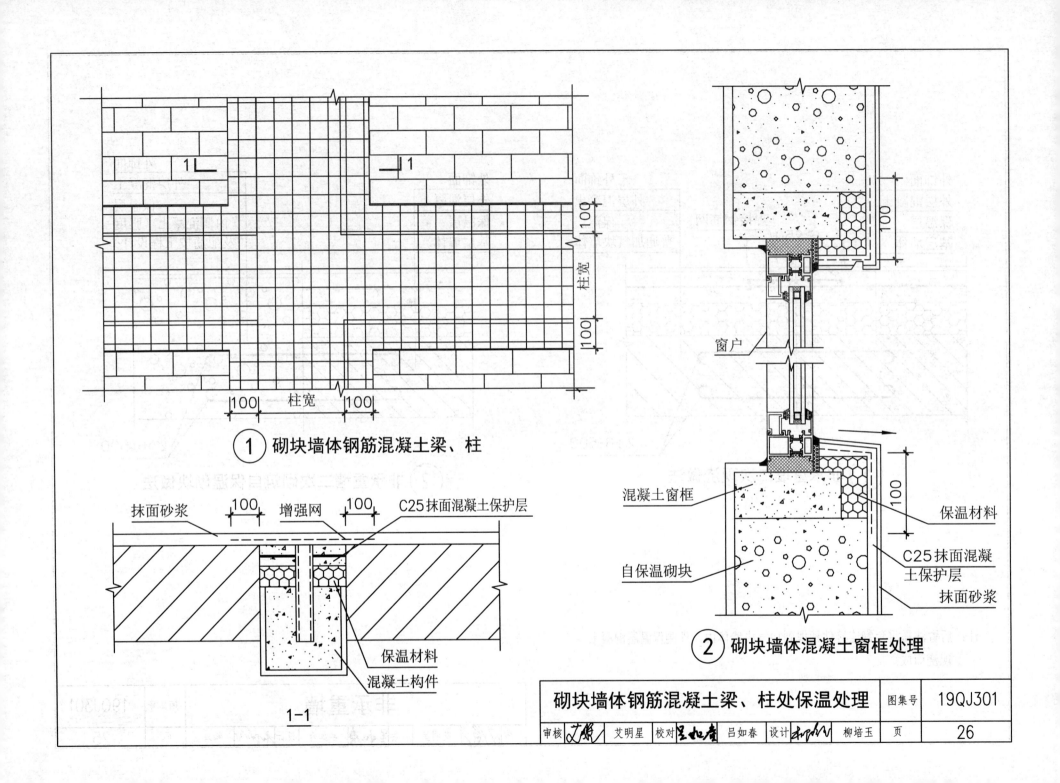

① 砌块墙体钢筋混凝土梁、柱

1-1

抹面砂浆　增强网　C25抹面混凝土保护层

保温材料

混凝土构件

② 砌块墙体混凝土窗框处理

窗户

混凝土窗框

自保温砌块

保温材料

C25抹面混凝土保护层

抹面砂浆

| 砌块墙体钢筋混凝土梁、柱处保温处理 | 图集号 | 19QJ301 |
|---|---|---|
| 审核 丁燎 艾明星　校对 吕如春 吕如春　设计 柳培玉 柳培玉 | 页 | 26 |

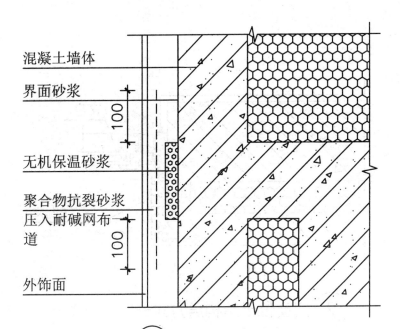

混凝土墙体
界面砂浆
100
无机保温砂浆
聚合物抗裂砂浆
压入耐碱网布一道
100
外饰面

① 墙体热桥部位构造做法

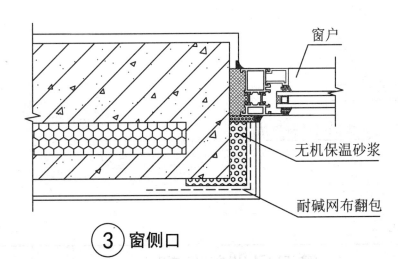

窗户
无机保温砂浆
耐碱网布翻包

③ 窗侧口

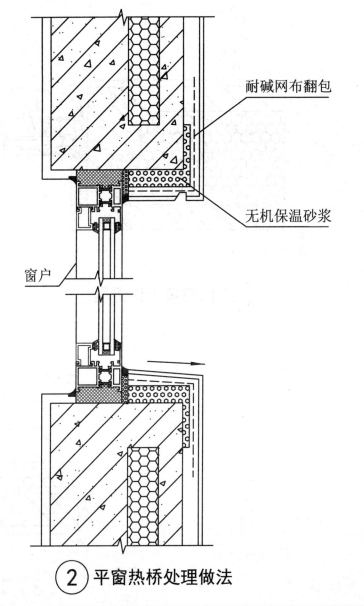

耐碱网布翻包
无机保温砂浆
窗户

② 平窗热桥处理做法

| 热桥部位保温做法 | 图集号 | 19QJ301 |
|---|---|---|
| 审核 文娟 艾明星 校对 王如春 吕如春 设计 柳培玉 柳培玉 | 页 | 27 |

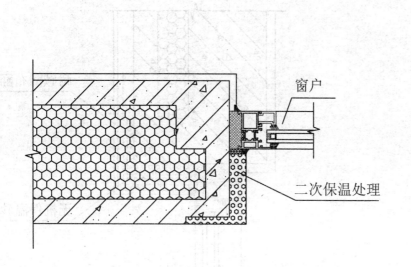

① 门窗位于保温层

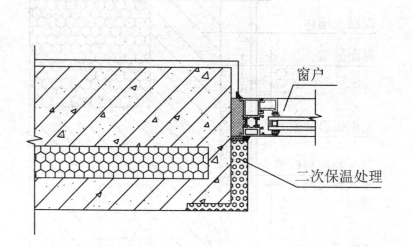

② 门窗位于结构层方式一

窗户

二次保温处理

窗户

二次保温处理

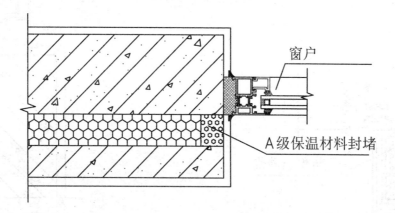

③ 门窗位于结构层方式二

窗户

A级保温材料封堵

| 保温层端部处理 | 图集号 | 19QJ301 |
|---|---|---|
| 审核 艾明星 校对 吕如春 设计 柳培玉 | 页 | 28 |

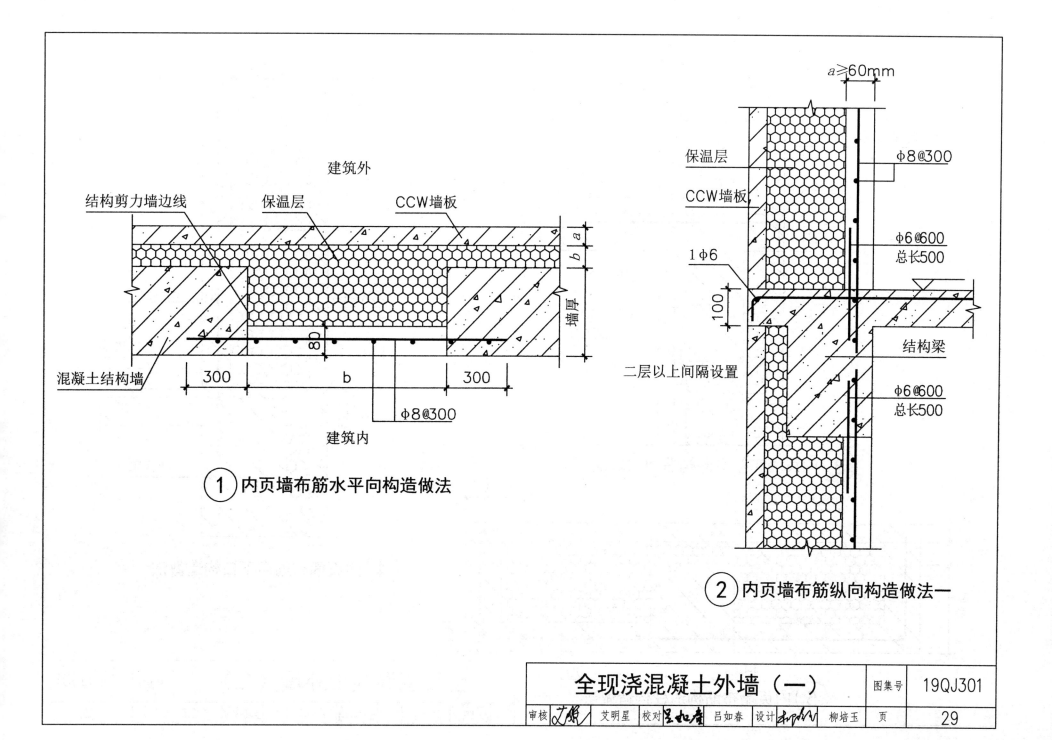

建筑外

结构剪力墙边线　　保温层　　CCW墙板

墙厚

混凝土结构墙

300　　b　　300

Φ8@300

建筑内

① 内页墙布筋水平向构造做法

$a \geqslant 60mm$

保温层

CCW墙板

Φ8@300

Φ6@600
总长500

1Φ6

100

二层以上间隔设置

结构梁

Φ6@600
总长500

② 内页墙布筋纵向构造做法一

全现浇混凝土外墙（一）

图集号　19QJ301

审核 艾明星　校对 吕如春　设计 柳培玉

页　29

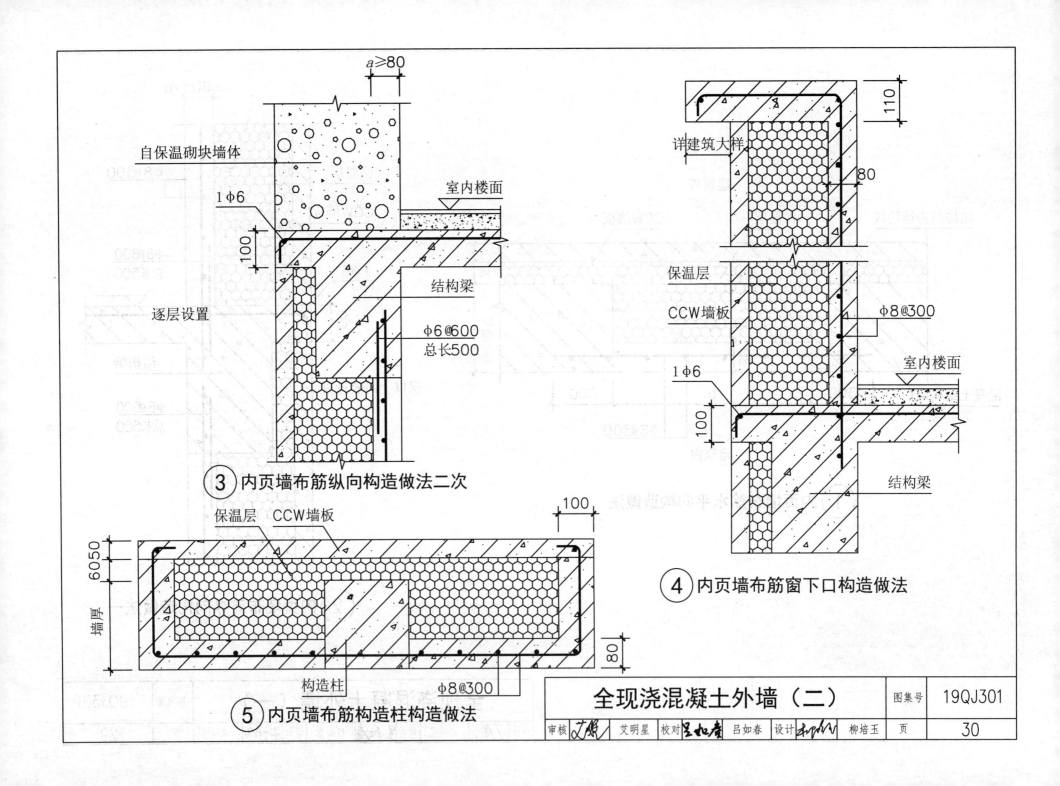

自保温砌块墙体

室内楼面

1Φ6

逐层设置

结构梁

Φ6@600
总长500

③ 内页墙布筋纵向构造做法二次

保温层  CCW墙板

墙厚

构造柱  Φ8@300

⑤ 内页墙布筋构造柱构造做法

详建筑大样

80

保温层

CCW墙板

Φ8@300

室内楼面

1Φ6

结构梁

④ 内页墙布筋窗下口构造做法

全现浇混凝土外墙（二）

图集号 19QJ301

审核 艾明星  校对 吕如春 吕如春  设计 柳培玉 柳培玉

页 30

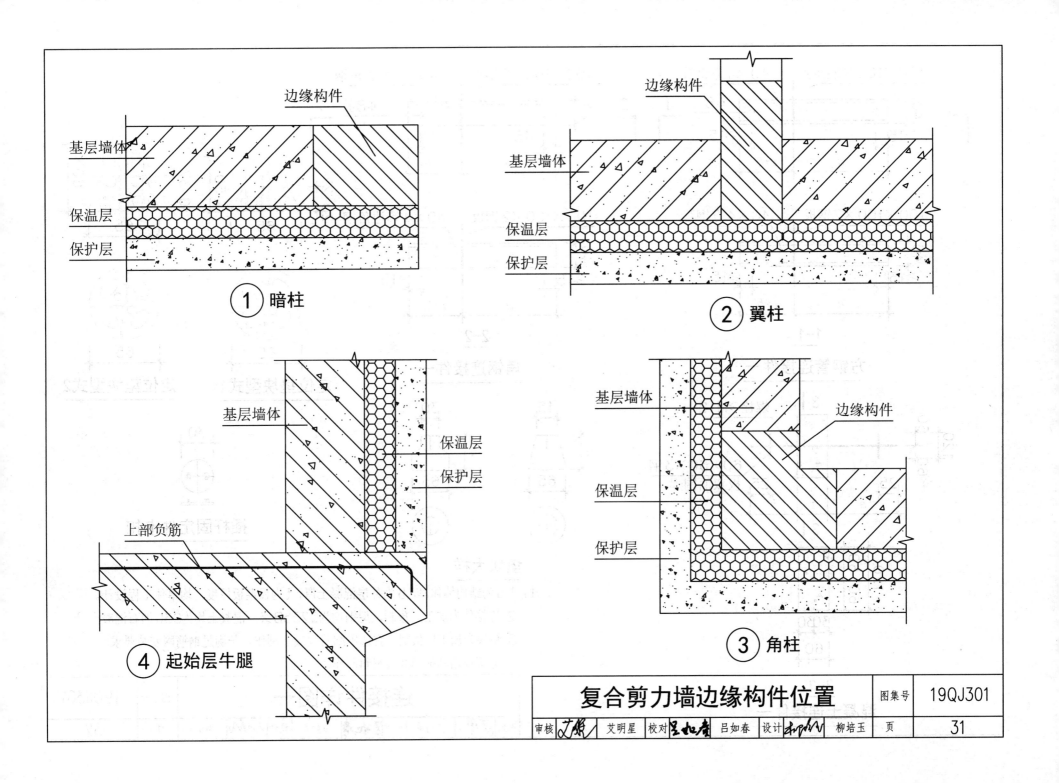

① 暗柱

② 翼柱

③ 角柱

④ 起始层牛腿

基层墙体

边缘构件

保温层

保护层

上部负筋

复合剪力墙边缘构件位置

图集号 19QJ301

审核 艾明星 校对 吕如春 设计 柳培玉

页 31

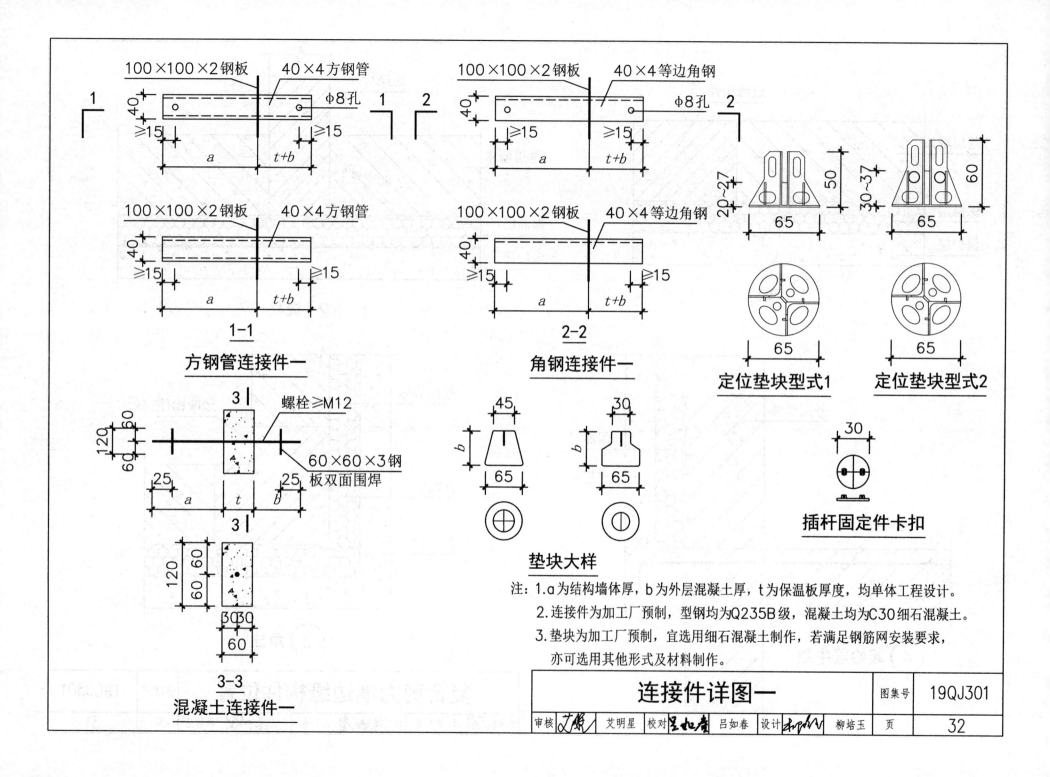

方钢管连接件一

角钢连接件一

定位垫块型式1　　定位垫块型式2

混凝土连接件一

垫块大样

插杆固定件卡扣

注：1.a为结构墙体厚，b为外层混凝土厚，t为保温板厚度，均单体工程设计。

2.连接件为加工厂预制，型钢均为Q235B级，混凝土均为C30细石混凝土。

3.垫块为加工厂预制，宜选用细石混凝土制作，若满足钢筋网安装要求，
　亦可选用其他形式及材料制作。

## 连接件详图一

图集号　19QJ301

审核　艾明星　校对　吕如春　设计　柳培玉　页　32

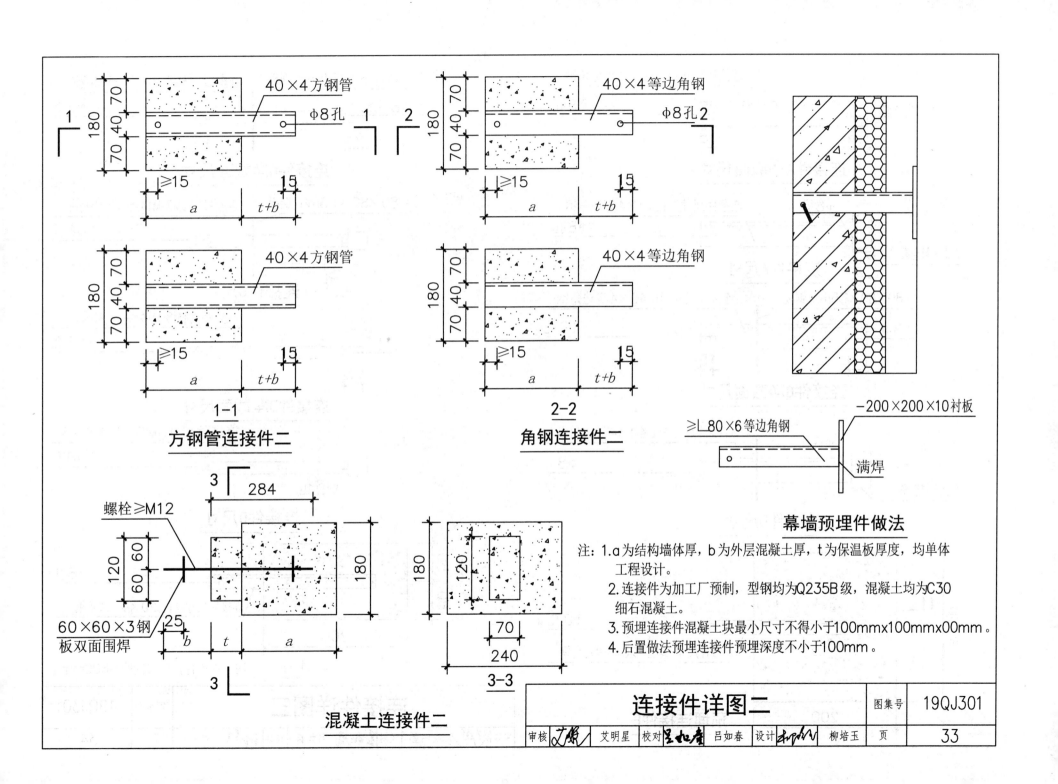

方钢管连接件二

角钢连接件二

混凝土连接件二

幕墙预埋件做法

40×4方钢管　φ8孔　1-1

40×4等边角钢　φ8孔　2-2

螺栓≥M12　284　180　120　60　60

60×60×3钢板双面围焊　25　b　t　a

3-3　240　70　120　180

≥∟80×6等边角钢　−200×200×10衬板　满焊

注：1. a为结构墙体厚，b为外层混凝土厚，t为保温板厚度，均单体工程设计。
2. 连接件为加工厂预制，型钢均为Q235B级，混凝土均为C30细石混凝土。
3. 预埋连接件混凝土块最小尺寸不得小于100mm×100mm×00mm。
4. 后置做法预埋连接件预埋深度不小于100mm。

连接件详图二

图集号 19QJ301

审核　艾明星　校对　吕如春　设计　柳培玉　页 33

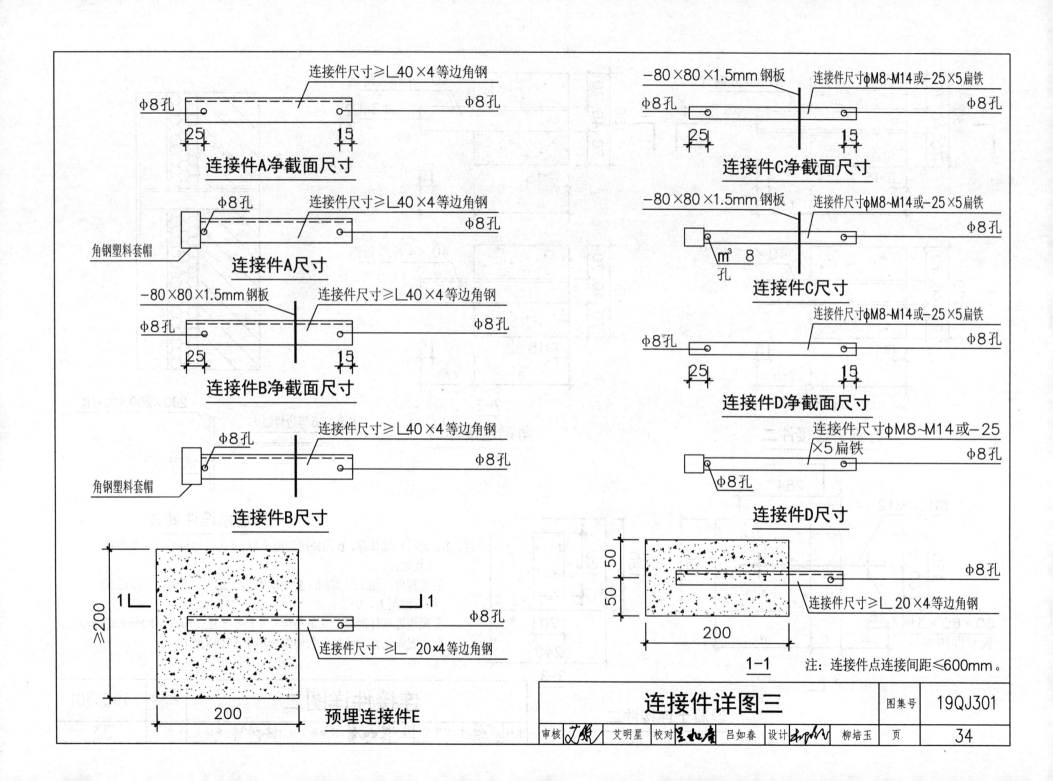

连接件尺寸≥L40×4等边角钢

Φ8孔　　　　　　　　　　　Φ8孔

25　　　　　　　15

**连接件A净截面尺寸**

Φ8孔　　　连接件尺寸≥L40×4等边角钢

Φ8孔

角钢塑料套帽

**连接件A尺寸**

−80×80×1.5mm钢板　　连接件尺寸≥L40×4等边角钢

Φ8孔　　　　　　　　　　　Φ8孔

25　　　　　　　15

**连接件B净截面尺寸**

Φ8孔　　　连接件尺寸≥L40×4等边角钢

Φ8孔

角钢塑料套帽

**连接件B尺寸**

≥200

1L

1L1

Φ8孔

连接件尺寸≥L20×4等边角钢

200

**预埋连接件E**

−80×80×1.5mm钢板　　连接件尺寸φM8~M14或−25×5扁铁

Φ8孔　　　　　　　　　　　Φ8孔

25　　　　　　　15

**连接件C净截面尺寸**

−80×80×1.5mm钢板　　连接件尺寸φM8~M14或−25×5扁铁

Φ8孔

m³ 8
孔

**连接件C尺寸**

连接件尺寸φM8~M14或−25×5扁铁

Φ8孔　　　　　　　　　　　Φ8孔

25　　　　　　　15

**连接件D净截面尺寸**

连接件尺寸φM8~M14或−25
×5扁铁
Φ8孔

Φ8孔

**连接件D尺寸**

50　50　50

Φ8孔

连接件尺寸≥L20×4等边角钢

200

**1−1**　　注：连接件点连接间距≤600mm。

## 连接件详图三

图集号　19QJ301

审核　艾明星　校对　吕如春　设计　柳培玉　页　34

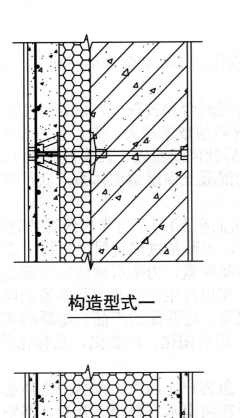

**构造型式一**

**构造型式二**

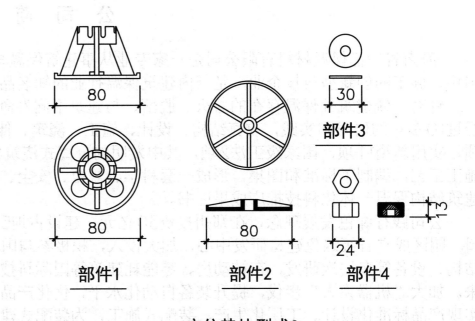

80

80

部件1

定位垫块型式3

30

部件3

80

部件2

24

部件4

13

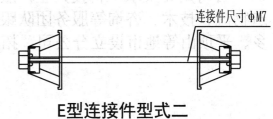

连接件尺寸φM7

连接件尺寸φM7

**E型连接件型式一**

**E型连接件型式二**

注：E型连接件点连接间距≤400mm。

| 连接件详图四 | 图集号 | 19QJ301 |
|---|---|---|

| 审核 | 艾明星 | 校对 | 吕如春 | 设计 | 柳培玉 | 页 | 35 |
|---|---|---|---|---|---|---|---|

# 公 司 简 介

　　河南省华亿保温材料有限公司是一家专业从事建筑保温与结构一体板化技术和装配式墙材研发、生产、销售、施工的创新型科技企业，是国内建筑保温行业的知名品牌。

　　针对传统建筑外保温存在的着火、脱落、与建筑不同寿命等弊端，公司联合科技院校、建筑施工企业，经过10多年的研发和实践，攻克结构、设计、施工、浇筑、伸缩、抗震等多项技术难关，先后获得发明专利7项，实用新型11项，国家级工法2项，其中发明的分离式浇筑器攻破了世界性浇筑难题。在实践基础上，优化施工工艺，编制了标准和图集，形成一套科学、规范、安全、施工方便的混凝土保温结构体系，获得住建部建筑结构保温一体化科技推广成果证书。

　　公司践行绿色发展理念，在郑州投资30亿元，建设占地500亩、建筑面积30万平方米省级绿色建材产业园。园区成立省级绿色建材研发中心，加大投入，积极参与国家科技攻关，不断推进建筑保温材料、工艺、结构、设备等多层次研发，在被动房、零能耗建筑等国际科技前沿领域不断探索，力争引领建筑节能发展未来。加大"机器换人"步伐，提升装备自动化水平，优化产品生产工艺，在提高生产率和产品质量的同时，实现产品标准化设计、工厂化生产、装配式施工，为装配式建筑提供更优质、更匹配的产品。雄厚的实力，强大科研，先进设备，有力支撑建筑保温一体化CCW体系的发展，以为公司集团化、产业化、品牌化发展提供了源源不断的动力。

　　公司始终秉承"科技兴企，服务至上，绿色发展，汇报社会"理念，急客户之所需，想客户之所想，打造物流、技术、咨询等服务团队跟踪指导服务，解除客户后顾之忧，先后在河南本省郑州、开封、洛阳、新乡、平顶山等地市设立分公司，拓展了陕西、山西、内蒙古、新疆、青海、江苏、山东等省外分公司。

| 公司简介 | | 图集号 | 19QJ301 |
|---|---|---|---|
| 审核 | 艾明星 　校对 吕如春 　设计 柳培玉 | 页 | 36 |